前　言

2015 年 10 月 29 日，党的十八届五中全会通过了《中共中央关于制定国民经济和社会发展第十三个五年规划的建议》。中国社会科学院多位学者配合国家“十三五”规划的制定，就国家实施“十三五”时期经济社会发展重大问题进行了多项专题研究，包括《“十三五”时期中国经济社会发展主要趋势和思路》《“十三五”及 2030 年发展目标与战略研究》《“十三五”时期全面建成小康社会的“短板”及对策》《“十三五”时期老龄化形势与对策》《“十三五”时期促进服务业发展改革研究》《步入“十三五”的财税改革》《“十三五”时期劳动力市场转型对策研究》《“十三五”时期工业转型升级的方向与政策》《“十三五”时期国有企业改革重点思路》《“十三五”时期城镇化和区域发展战略研究》《“十三五”时期资源环境发展战略研究》《“十三五”时期收入分配问题及对策研究》《“十三五”时期中国文化发展环境和重大问题研究》。

这些报告是国家级智库深度剖析“十三五”规划、参透中国未来发展大势的精品著作，深入分析了未来五年以及更长时间我国经济社会发展的环境、趋势和问题，提出了未来发展的思路和对策，对于我们理解我国未来五年经济社会发展面对的新形势、新情况、新挑战、新趋势，对于我们思考我国在经济新常态下的发展战略和发展路径选择，对于我们深刻领会党的十八届五中全会的精神和战略部署，都具有重要的参考价值和启发意义。

摘　要

“十二五”时期，我国经济在稳步发展的同时，主要污染物排放有所减少，资源利用效率得到较大提升，能源结构调整升级，污染防治取得一定成效，环境恶化趋势放缓，但由于历史累积的欠账，环境承载能力已经达到或接近上限，尤其是面对经济新常态下企求高增长的压力，资源、环境领域的挑战更为严峻，资源、生态正悄然取代资本和技术，上升为我国经济社会可持续发展和全面小康社会实现的关键制约因素。“十三五”时期，环境保护将在各种压力形成的夹缝中前行，需要继续坚持节约资源和保护环境的基本国策，全面推进生态文明建设，积极应对气候变化，推动资源利用方式根本转变，推进环境管理战略转型，提高生态环境承载力，加快资源环境管理体制机制的改革，实现生态环境质量的总体改善。为此，必须遵循创新、协调、绿色、开放、共享的发展理念，按照环境保护国家治理体系和治理能力现代化的要求，从组织领导、制度建设、项目规划、市场机制以及社会治理五大方面进行统筹设计。

目　录

党的十八届五中全会关于“十三五”规划建议稿提出，必须坚持节约资源和保护环境的基本国策，坚持可持续发展，坚持走生产发展、生活富裕、生态良好的文明发展道路，加快建设资源节约型、环境友好型社会，形成人与自然和谐发展现代化建设新格局，推进美丽中国建设，为全球生态安全做出新贡献。

“十三五”期间，我国的资源环境发展处于转型发展的关键时期。一方面，资源环境压力经过改革开放以来30多年的积累，不平衡、不协调、不可持续的局面日趋严重，在经济发展水平接近人均1万美元的情况下，需要从根本上加以扭转；另一方面，2020年全面实现小康，经济发展的动力和压力仍然不会有根本的改变，环境与民生的矛盾与协同共存，解决相关问题需要决心、毅力和勇气。尤其在当前经济发展步入新常态，产业结构调整和升级加速的情况下，历史累积的欠账、环境资源禀赋和技术突破的不确定性等使得我国能源、资源、环境等领域的挑战更为严峻。刚刚闭幕的十八届五中全会明确提出，要坚持节约资源和保护环境的基本国策，争取“十三五”时期生态环境质量总体改善。为此，我们需要不断加大改革力度，以提高资源利用和环境质量为核心全方位推进生态文明建设，保障“十三五”资源环境战略目标的顺利实施，助力资源节约型、环境友好型社会和全面小康的实现。

一 “十二五”规划完成情况评估

“十二五”规划力求解决经济社会发展中的3个核心问题，即“不平衡、不协调、不可持续”的问题，涉及28项量化考核指标，包括12个预期性指标和16个约束性指标。资源环境方面的指标有12项，其中11项为约束性指标，1项为预期性指标：耕地保有量为约束性指标，目标是保持在18.18亿亩；单位工业增加值用水量为约束性指标，目标是降低30%；农业灌溉用水有效利用系数为预期性指标，预期增长0.03，提高到0.53；非化石能源占一次能源消费比重为约束性指标，目标是累计增长3.1个百分点，从8.3%达到11.4%；单位国内生产总值能源消耗为约束性指标，目标是累计降低16%；单位国内生产总值二氧化碳排放为约束性指标，目标是累计降低17%；主要污染物排放为约束性指标，包括化学需氧量减少8%，二氧化硫排放减少8%，氨氮排放减少10%，氮氧化物排放减少10%；森林覆盖率为约束性指标，目标是提高到21.66%；森林蓄积量为约束性指标，目标是增加6亿立方米，如表1所示。

表1 “十二五”规划指标预期完成情况

序号	指标名称	目标	类型	完成现状	评估
1	耕地保有量	保持在18.18亿亩	约束性指标	20.31亿亩①	良好
2	单位工业增加值用水量	降低30%	约束性指标	<25%②	滞后
3	农业灌溉用水有效利用系数	提高到0.53	预期性指标	0.52③	良好
4	非化石能源占一次能源消费比重	达到11.4%	约束性指标	11.1%④	良好
5	单位国内生产总值能源消耗	降低16%	约束性指标	>13.9%⑤	良好
6	单位国内生产总值二氧化碳排放	降低17%	约束性指标	>14.7%⑥	良好
7	化学需氧量	减少8%	约束性指标	10.28%⑦	良好
8	二氧化硫排放	减少8%	约束性指标	12.08%⑧	良好
9	氨氮排放	减少10%	约束性指标	9.95%⑨	良好
10	氮氧化物排放	减少10%	约束性指标	7.07%⑩	明显滞后
11	森林覆盖率	提高到21.66%	约束性指标	21.63%⑪	良好
12	森林蓄积量	增加6亿立方米	约束性指标	与第七次清查结果比增加14.16亿立方米⑫	良好

注：①国务院新闻办公室定于2014年12月5日上午10时举行新闻发布会，农业部种植业管理司司长曾衍德指出，第二次全国土地调查后，耕地数量是20.31亿亩。但是有两点需要说明：一是耕地数量只是账面数字的变化，实际耕地还是那么多；二是这些耕地一直在种粮、种菜，都在生产。目前最主要的措施就是划定永久基本农田，已经划了15.6亿亩，但是没有落实到田块。

②来自工信部的数据显示，2011年我国规模以上单位工业增加值用水量同比下降8.9%，2012年、2013年分别预计下降7%，2014年预计下降5.8%。实际完成情况不容乐观。

③国务院新闻办公室于2014年9月29日上午10时举行新闻发布会，水利部副部长李国英介绍中国节水灌溉状况，指出2000年以来，我国农田亩均灌溉用水量由420立方米下降到361立方米，农田灌溉水有效利用系数由0.43提高到0.52，农田灌溉用水量占全社会用水总量的比例从63%降低到55%，有效灌溉面积由8.25亿亩增加到9.52亿亩。

④吴新雄在2014年12月25日召开的全国能源工作会议上介绍，我国加快发展清洁能源，能源结构进一步优化。预计2014年，非化石能源占一次能源消费比重提升至11.1%，煤炭比重下降至64.2%。

⑤国家统计局数据显示，2011年全国单位国内生产总值能源消耗下降2.01%，2012年全国单位国内生产总值能源消耗下降3.6%，2013年单位国内生产总值能源消耗下降3.7%；2014年12月24日，国家发改委副主任解振华在“2014年中国节能与低碳发展论坛”上表示，初步估计2014年全国单位国内生产总值能源消耗下降4.6%~4.7%，达到了“十二五”以来最大的降幅，超额完成年初预定的3.9%以上的目标。以上累计下降额超过13.9%。

⑥单位国内生产总值二氧化碳排放至2012年累计下降了6.6%（其中2012年下降5.02%），2013年同比下降4.3%，国家发改委表示2014~2015年单位GDP二氧化碳排放要下降4%以上，累计超过14.7%。

⑦为至2014年上半年的累计数字。

⑧为至2014年上半年的累计数字。

⑨为至2014年上半年的累计数字。

⑩为至2014年上半年的累计数字。

⑪⑫国家林业局2014年2月25日公布了第八次全国森林资源清查成果，全国森林面积2.08亿公顷，森林覆盖率21.63%，森林蓄积量151.37亿立方米。与2008年底结束的第七次清查结果相比森林蓄积量净增14.16亿立方米，提前完成到2020年比2005年增加13亿立方米的增长目标。

资料来源：国家统计局统计年鉴，环保部全国环境统计公报，工信部、发改委相关数据。

“十二五”规划实施4年来，我国应对气候变化工作稳步推进，基础能力建设得到加强。适应气候变化特别是应对极端气候事件能力提高，极端天气和气候事件监测预警预防能力逐步提升。推进资源节约集约利用，资源利用效率持续提升。实施能源消费总量和能源消耗强度双调控，强化重点领域节能减排和重点工程，节能降耗取得成效。环境保护工作力度加大，主要污染物排放总量控制取得进展，2012年全国城市污水处理率和生活垃圾无害化处理率分别达到87.3%和84.8%，提前完成《我国国民经济和社会发展十二五规划纲要》（以下简称《纲要》）目标。空气环境治理力度加大，实施环境空气质量新标准，出台《大气污染防治行动计划》，进一步完善区域大气污染联防联控机制，国务院确定的首批22项落实《大气污染防治行动计划》配套措施中，调整可再生能源电价与环保电价、油品质量升级价格、电解铝行业阶梯电价、新能源汽车推广应用鼓励政策等6项配套政策措施已经出台，其他措施也将陆续出台。“十二五”落后产能淘汰任务提前一年完成。环境风险防控能力有所加强，环境预警与应急水平有所提升。重点区域保护力度加强，生态建设扎实推进。生态补偿机制不断完善，补偿力度逐步加大。森林蓄积量增加6亿立方米，提前实现“十二五”规划目标。[①]

受经济增长速度超过预期、产业结构优化升级较慢、能源结构优化调整进展不快、部分企业减排力度不够等原因的影响，资源环境领域的“十二五”规划推进一度较慢，中期考核时5个指标完成滞后，其中包括环保方面的4个约束性指标：单位国内生产总值能源消耗、单位国内生产总值二氧化碳排放、非化石能源占一次能源消耗比重、氮氧化物排放。特别是氮氧化物排放，2011年甚至上升了5.74%，给后续工作带来了很大的压力。资源环境规划指标未能按期完成的原因，突出表现为规划对地方政府约束不力。同时，节能环保主要由地方政府承担，中央政府难以直接介入，且对地方完成真实情况的核查滞后或困难，导致地方的节能减排数据与国家不衔接，“地方形势大好、国家压力很大”。另外，由于对资源环境问题重要性的认识不到位，基层政府考核指标与国家“十二五”规划不挂钩，节能工作力度和重视程度普遍不高，表现为行动滞后，见效延迟。出于对GDP的追求，淘汰过剩产能的精神在地方没有得到认真贯彻执行，高耗能产业没有得到有效抑制甚至出现反弹。

目前，除了传统煤烟型大气污染，以细颗粒物、臭氧为特征的复合型污染日益严重。中国的环境污染形势依然严峻。[②] 引起雾霾的PM2.5浓度在“十二五”规划中并没有列为控制目标。但是，“十二五”初期凸显的污染物排放的细颗粒物引致的全国大范围雾霾，引起全国关注。为回应社会关切，环保部在2012年开始系统检测，2013年明确在重点污染区域进一步强化污染减排目标的考核和监督检查，将京津冀、珠三角、长三角PM2.5浓度纳入考核目标，而且要求三个区域的PM2.5浓度要下降6%。2013年底，由全国190个城市近950个监测点位组成的国家空气监测网投入运行，开始实时发布监测数据。[③]

国务院办公厅印发《2014～2015年节能减排低碳发展行动方案》要求，进一步硬化节能减排降碳指标、量化任务、强化措施，提出了2014年

① 《国务院关于〈中华人民共和国国民经济和社会发展第十二个五年规划纲要〉实施中期评估报告》。

② 《国务院关于〈中华人民共和国国民经济和社会发展第十二个五年规划纲要〉实施中期评估报告》。

③ 2013年3月15日，环保部副部长吴晓青在全国人大一次会议新闻中心做出的表述。

和2015年两年节能减排降碳的具体目标：2014～2015年，单位国内生产总值能源消耗逐年下降3.9%、化学需氧量下降2%、二氧化硫排放下降2%、氨氮排放下降2%、氮氧化物排放下降5%以上，单位国内生产总值二氧化碳排放两年分别下降4%、3.5%以上。2014年上半年，国家重点监控污染源监督性监测结果也表明，国控重点污染源主要污染物排放达标率同比略有降低。[①]

2013年4月，国务院办公厅转发了《"十二五"主要污染物总量减排考核办法》，环保部等四部门印发了《"十二五"主要污染物总量减排统计办法》《"十二五"主要污染物总量减排监测办法》。3个办法的发布实施，标志着减排三大体系建设进入新阶段，是完成"十二五"减排约束性指标的制度保障。预计2014年化学需氧量、氨氮排放、二氧化硫排放、氮氧化物排放四项主要污染物排放量指标均可完成年度目标[②]。从表1的完成现状可以看出，规划执行情况较中期评估结果已经大有改观，在经济升级转型和结构调整的大背景下，可以预计，在"十二五"规划余下的时间内，随着各项节能减排和环境污染治理政策的出台，包括目前滞后的指标在内的各项约束性指标是可以完成的。

2015年是全面落实完成"十二五"规划各项目标任务的最后一年，中国政府将继续坚持节约优先、保护优先、以自然恢复为主的方针，发挥市场在资源配置中的决定性作用，加快资源环境领域的立法进程，完善制度和体制机制，确保"十二五"规划中资源环境目标的全面实现。

二 "十三五"改革和发展的内容

继党的十八大提出将生态文明建设纳入"五位一体"的总体布局，生态文明理念上升为统筹谋划解决环境与发展问题的重要理论，在十八届三中全会通过的《中共中央关于全面深化改革若干重大问题的决定》中，生态文明建设成为重要的改革议题之一，并提出了"推动形成人与自然和谐

① 环保部：《2014年上半年全国环境质量状况》，2014年8月4日。

② 2014年12月15日，环保部部长周生贤在北京主持召开环境保护部常务会议，听取了关于2015年四项主要污染物减排目标设定情况的汇报。

发展现代化建设新格局”，十八届四中全会通过《中共中央关于全面推进依法治国若干重大问题的决定》，十八届五中全会又进一步把生态文明建设纳入我国“十三五”规划，并明确提出坚持绿色发展，坚持节约资源和保护环境的基本国策，加快建设资源节约型、环境友好型社会，形成人和自然和谐发展的现代化建设新格局，这些为我国资源环境发展指明了方向和路径。

“十三五”时期是实现中国共产党第十八次代表大会确定的全面建成小康社会目标的关键时期，也是中国经济社会发展进入“新常态”后，增长速度进入换挡期、结构调整面临阵痛期和前期刺激政策进入消化期这样“三期叠加”的特殊阶段，对资源环境的发展既是严峻的挑战，也是重大机遇，战略安排上要主动适应“新常态”，在深入贯彻落实新修订的《中华人民共和国环境保护法》的基础上，积极应对国际上的压力和需求，确保中国经济社会的可持续发展。

（一）积极应对气候变化

中国政府高度重视应对气候变化问题，在减缓和适应气候变化方面做了大量扎实有效的工作，担负起了一个大国应尽的职责，并在国际气候谈判中成为中坚力量。2014 年 9 月在联合国气候峰会上，国务院副总理张高丽全面阐述了中国应对气候变化的政策、行动及成效，并宣布中国将尽快提出 2020 年后应对气候变化行动目标，碳排放强度要显著下降，非化石能源比重要显著提高，森林蓄积量要显著增加，努力争取二氧化碳排放总量尽早达到峰值。[①] 2014 年 11 月 12 日，中国国家主席习近平和美国总统奥巴马共同发表了中美气候变化联合声明，一起确定了各自 2020 年后的目标。中国提出 2030 年左右二氧化碳排放达到峰值，并且将努力争取早一点达到峰值，非化石能源占能源消费的比重要达到 20%，这一目标体现了我国应对气候变化的决心和信心。

2014 年 9 月，国务院批复《国家应对气候变化规划（2014 ~ 2020 年）》，再一次确认中国政府在 2009 年联合国哥本哈根气候会议前提出的减

① 国家发展和改革委员会：《中国应对气候变化的政策与行动 2014 年度报告》，2014 年 11 月。

缓气候变化的目标，到 2020 年，实现单位国内生产总值二氧化碳排放比 2005 年下降 40% ~45% 、非化石能源占一次能源消费的比重达到 15% 左右、森林面积和蓄积量分别比 2005 年增加 4000 万公顷和 13 亿立方米的目标。国务院批复明确要求，要牢固树立生态文明理念，坚持节约能源和保护环境的基本国策，统筹国内与国际、当前与长远，减缓与适应并重，坚持科技创新、管理创新和体制机制创新，健全法律法规标准和政策体系，不断调整经济结构、优化能源结构、提高能源效率、增加森林碳汇，有效控制温室气体排放，努力走一条符合中国国情的发展经济与应对气候变化双赢的可持续发展之路。

"十二五"规划已经明确将阶段目标纳入约束性范畴，除非化石能源占比的难度较大以外，其他目标的实施情况良好，为"十三五"期间全面完成国家应对气候变化规划的目标奠定了坚实的基础。"十三五"时期，森林碳汇目标总体稳中有进，困难还是在非化石能源在一次能源消费占比达到 15% 的目标。2016 ~2020 年五年时间提升 3. 6 个百分点，要求平均每年增加幅度超过 0. 71 个百分点。在《中美气候变化联合声明》中，2021 ~2030 年 10 年间提升 5 个百分点，占比达到 20%，平均每年提高 0. 5 个百分点。

考虑到有关创建措施实施效果的"滞后"效应，清洁生产、工业固体废物综合利用水平将在"十三五"期间得到进一步提升，能源消耗强度、二氧化碳排放强度等指标显著降低。战略部署的重点，一是进一步优化能源结构，二是推动绿色低碳循环经济的发展，三是全方位推动应对气候变化工作。

（二）推动资源利用方式根本转变

我国在短短几十年里，走过了发达国家上百年甚至更长时间才完成的工业化、城镇化过程，也付出了沉重的资源环境代价，传统的自然资源粗放利用状态已经到了不得不改的时候。习近平总书记指出，节约资源是保护生态环境的根本之策，大力发展循环经济，促进生产、流通、消费过程的减量化、再利用、资源化。[①] 从源头上扭转生态环境恶化趋势，要坚持节约优先、

① 中共十八届中央政治局 2013 年 5 月 24 日上午就大力推进生态文明建设进行第六次集体学习。

保护优先、以自然恢复为主的基本方针，着力推进绿色发展、循环发展、低碳发展，节约集约利用资源，着眼于资源均衡化配置，推动资源利用方式根本转变，加强全过程节约管理，形成节约资源和保护环境的空间格局、产业结构、生产方式、生活方式，大幅降低能源、水、土地消耗强度，按照资源承载力合理控制城镇规模，促进经济社会发展与资源利用相协调，以资源的可持续利用促进经济社会的可持续发展。

在土地资源方面，在完成农村宅基地和集体建设用地使用权确权登记发证的基础上，加快建立城乡统一的建设用地市场。扩大国有土地有偿使用范围，减少非公益性用地划拨。建立兼顾国家、集体、个人的土地增值收益分配机制，合理提高个人收益。① 完善土地租赁、转让、抵押二级市场，鼓励农村产权和承包经营权流转，发展多种形式规模经营。

我国水安全形势严峻，除了水资源严重短缺和水污染问题突出，近年来持续大面积大旱，很多河流进入枯水状态，严重威胁着人民的生活用水和生产用水，不少江河流域的水利工程建设水平落后，不利于保障水安全，治水工作已势在必行。在水资源方面，要遵循习近平总书记提出的“节水优先、空间均衡、系统治理、两手发力”治水思路，深化水利改革，加快政府职能转变，发挥市场配置资源的决定性作用，从水资源的分配、开发、利用、调度和保护等各个环节着手，坚持以水定城、以水定地、以水定人、以水定产，加快落实最严格水资源管理制度，切实转变用水方式，全面建设节水型社会，强化水资源保护，促进水生态系统保护与修复，缓解水资源、水环境约束趋紧的矛盾。② 围绕2011年中央一号文件提出的2020年基本建成四大体系的目标，积极顺应自然规律、经济规律和社会发展规律，加强需求管理，严格控制用水需求过快增长、合理调整用水结构与格局，合理配置水资源、保障供水安全，加快实现从供水管理向需水管理转变，从粗放用水方式向集约用水方式转变，从过度开发水资源向主动保护水资源转变，从单一治理向系统治理转变，凝聚全社会治水力量，统筹解决水安全问题，努力构建中国

① 党的十八届三中全会通过的《中共中央关于全面深化改革若干重大问题的决定》。

② 全国水利发展“十三五”规划编制工作视频会召开，贯彻落实党的十八大、十八届二中、十八届三中全会精神和习近平总书记关于保障水安全的重要讲话精神，全面启动和部署水利发展“十三五”规划编制工作。参见水利部网站，2014年5月8日。

特色水安全保障体系。[①]

此外，还要实施林地规划管理和林地用途管制，严格控制林地流失，按照国家林业局制定的《湿地保护管理规定》全面推进自然湿地保护和退化湿地恢复，加强生物多样性保护。[②]

（三）推进环境管理战略转型

近年来全国环境质量状况总体趋向改善，进入2014年以来，随着《大气污染防治行动计划》及相关措施的落实，同时受气象条件利好影响，74个城市总体空气质量有所改善，平均达标天数比例略有上升，主要污染物浓度均不同程度下降，全国地表水总体为轻度污染，国控重点污染源主要污染物排放达标率同比略有降低。[③] 与过去相比，环境污染出现了新的变化，一些地区大气、水、土壤等污染严重，各种污染物随时间累积，在空间集聚，呈现污染源多样化、污染范围扩大化、污染影响持久化特征，经济增长、人口增加、能源资源消耗和城市扩展对生态环境的压力进一步加大，60%左右的城市空气质量不能达标，公众对环境质量改善的期待不断提升，环境保护任务依然艰巨[④]。

根据生态文明体制改革和建设时间的要求，环保部分析认为，通过改善政府职能、推进环境污染第三方治理，继续开展排污权有偿使用和交易试点等措施，到2020年主要污染物排放总量显著减少，人居环境明显改善，生态系统稳定性增强，辐射环境质量继续保持良好。[⑤] 具体指标包括：大气，地级以上城市空气质量明显改善、重污染天气减少60%、可吸入颗粒物和细颗粒物浓度下降30%以上，二氧化硫、二氧化氮、一氧化碳和臭氧平均浓度达标；水，城镇集中式饮用水源水质稳定达标，基本消除劣五类水体，城市内无黑臭水体，现状水质优于Ⅲ类水体保持稳定，近岸海域水质略有改善；土壤，全国耕地土壤环境质量达标率不低于82%，新增建设用地土壤环境安全

---

① 水利部召开党组扩大会议学习贯彻习近平总书记关于保障水安全重要讲话精神，水利部网站，2014年4月25日。

② 国家林业局编制中的《林业适应气候变化方案》。

③ 环保部《2014年上半年全国环境质量状况》。

④ 2013年11月25日下午，全国人大常委会听取审议国务院"十二五"规划纲要实施中期评估报告。

⑤ 环保部编制中的《国家环境保护'十三五'规划编制基本思路（初稿）》。

保障率100%，完成土壤污染综合治理试点200个，区域土壤综合治理示范区6个。此外，还包括生态环境改善和环境风险防控的内容，并提出提升放射性污染防治水平，保障核安全。

习近平总书记提出，老百姓对美好生活的向往就是我们奋斗的目标。环保工作要主动回应公众期待，以解决损害群众健康的突出环境问题为重点，以大气、水和土壤污染防治为突破口，推进环境管理战略转型，逐步改善环境质量，以实际行动让人民群众看到希望。在加强生态文明建设的理念指导下，环境保护作为国家现代治理体系的重要组成部分，已成为调整经济结构、转变经济增长方式的重要手段，要主动适应“新常态”的要求，从环境管理转向环境治理。为此，首先需要转变认识，由过去侧重于生态环境自然属性的保护，转变为侧重于环境治理的社会属性，重视人们对生态环境的认知、参与环境决策的权利等，在发挥政府强制型手段的同时，利用市场机制引导社会力量参与保护环境，从政府主导型的一元治理结构迈向由政府、市场和社会构成的多元结构。①

（四）提高生态环境承载力

生态环境承载力是生态承载力与环境承载力概念的复合，就其组成要素而言，包括资源承载力、社会经济承载力和污染承载力（环境容量）。② 建设生态文明，实质上是要建设以生态环境承载力为基础、以可持续发展为目标的资源节约型、环境友好型社会。2014年12月召开的中央经济工作会议认为科学、准确地认识环境问题是准确把握经济新常态的一个重要方面，指出我国现在的环境承载能力已经达到或接近上限。我国的生态系统正在承受着巨大且不断增长的人口和发展压力，提高生态环境承载力将是城镇化的最大挑战。

按照习近平总主席提出的“让透支的资源环境逐步休养生息”战略思想，对一些长期以来不堪重负的耕地、江河湖泊、海洋、湿地、森林、草原等自然生态系统给予人文关怀，实施休养生息，是破解资源环境瓶颈制约、

---

① 张炳淳：《环境治理转型的新契机》，《中国环境报》2014年8月15日。

② 董秀成：《中国生态环境承载能力面临巨大压力》，http：//blog. caijing. com. cn/dongxiucheng，2014年11月9日。

修复自然生态的重要创新。

严格划定生态红线，统筹考虑生产、生活和资源环境需求，以自然修复为主，综合运用工程、技术、生态、法律、经济和必要的行政措施，加强生态资源的养护，加大生态基础建设力度，大力推进退耕还林等重点生态工程，大力淘汰落后产能，形成绿色低碳循环发展新方式，促进生态系统尽快步入良性循环的轨道。

2011 年 4 月，住建部等 16 个部门联合下发的《关于进一步加强城市生活垃圾处理工作的意见》，明确提出 2015 年和 2030 年城市生活垃圾无害化处理率的发展目标和发展要求。到 2015 年，全国城市生活垃圾无害化处理率达到 80%，直辖市、省会城市和计划单列市生活垃圾全部实现无害化处理。每个省（区）建成一个以上生活垃圾分类示范城市。50% 的设区城市初步实现餐厨垃圾分类收运处理。城市生活垃圾资源化利用比例达到 30%，直辖市、省会城市和计划单列市达到 50%。建立完善的城市生活垃圾处理监管体制机制。到 2030 年，全国城市生活垃圾基本实现无害化处理，全面实行生活垃圾分类收集、处置。城市生活垃圾处理设施和服务向小城镇和乡村延伸，城乡生活垃圾处理接近发达国家平均水平。对已经不堪重负的生态系统，实行强制性保护，减轻生态环境压力，加大治理和生态修复力度，恢复生态系统的生机和活力，维持生态系统的稳定，改善其生态服务功能。城镇建设要更好地融入自然的山水环境，在水资源严重短缺的情况下，要扩大森林、湖泊、湿地等绿色生态空间，增强水源涵养能力和环境容量，提高资源的支撑和保障能力。

（五）加快资源环境管理体制机制改革

十八届三中全会决议提出，要加快建立生态文明制度、健全国土空间开发、资源节约利用、生态环境保护的体制机制。在资源环境方面，我们既要汲取西方发达国家的经验教训，又要充分发挥我国政治体制集中力量办大事的优势，结合我国国情和发展阶段，特别是利用好“新常态”这一转型发展的调整阶段，用新理念、新思路、新方法改革创新资源环境的管理体制和机制，利用资源环境管理促进空间布局的优化、产业结构的调整和发展动力的转换。

在体制建设方面，现有的按照生态环境要素划分部门管理职能、按行政区划实施管理措施的做法导致部门职能交叉重叠、责权利不清，由于协调不够影响了工作效率，也增加了政策成本。需要遵循生态环境系统整体性、地域性规律，对相关的行政资源和分散在环保、农业、林业、国土等部门的职能进行整合，推进资源环境的全要素统一管理，打破行政区划的界限，推行流域管理、行业管理，尊重区域间发展不平衡的事实，执行差异化的政策，理顺中央与地方政府间的环境权责关系，对资源环境管理部门扩权，保障其能独立且统一进行环境监管执法，促进生态环境保护的监管模式由从达标排放与总量控制相结合向环境质量管理和总量控制相结合转变，切实推进生态建设和环境质量的提升。

在机制建设方面，一是要加强观测监测，改增量考评为存量考评，通过编制自然资源资产负债表、强化离任责任审计、在政绩考核中加大资源消耗、环境保护等指标的权重等措施，实行生态环境损害赔偿和责任追究制度，形成国家规划目标和指令性任务的约束机制；二是要通过产业化、建立环保基金、对污染防治采取“以奖代补”等途径，形成有利于发挥各方面节约资源保护环境的积极性、促进形式多元治理结构、激励全社会共同参与的机制；三是要完善财政转移支付政策和生态补偿机制；四是提高资源税税负、开征环境税，形成资源环境管理的资金保障机制。①

三　实施时间表路线图

确保“十三五”资源环境战略目标的实现，必须遵循创新、协调、绿色、开放、共享的发展理念，按照环境保护国家治理体系和治理能力现代化的要求，从组织领导、制度建设、项目规划、市场机制以及社会治理这五大方面进行统筹设计。

---

① 马凯：《坚定不移推进生态文明建设》，《求是》2013年5月。应加大资源环境税费改革，按照价、税、费、租联动机制，适当提高资源税税负，加快开征环境税，完善计征方式。积极探索运用税费手段提高环境污染成本，降低污染排放。

（一）理顺相关机构，加强专门领导

首先要合理划分中央和地方环境保护事权。中央政府发挥其宏观管理、制度设定、必要的执法权及流域性、跨区域性环境管理与协调职能；地方政府提供环境基本公共服务，保障地区环境安全。

同时，也要理顺已有相关机构的责权，加强专门领导机构建设。2016年启动资源环境保护的“大部制”改革，各省市重组对应机构，形成纵向的工作机制和横向的跨部门协调机制，统一施行环境保护、水利、国土资源、林业、气象等部门的职能，并相应开展项目审批和考核监督等，建立相关的科学决策和责任制度，包括综合评价、目标体系、考核办法、奖惩机制、空间规划、管理体制等。至2017年，通过环保体制的改革以及简政放权的深化，建立系统协调的专门领导机构，提高服务水平，应用现代技术，创新行政管理方式，提升政府的现代化治理能力。

（二）实现管理的制度化、法制化

推进资源环境管理的法制化和制度化，以法律和制度保障生态文明建设的管理和运行。“十三五”时期，进一步贯彻实施新修订的《中华人民共和国环境保护法》，健全与全面建成与小康社会要求相符合的法律法规和环境标准体系，尽快完成大气污染防治法的修改，并加快大气污染防治的相关法律法规标准的修订。在2015年选择100个左右城市（区、县）开展国家循环经济示范城市（县）创建工作的基础上，① “十三五”时期着力推进交通、建筑等领域的绿色标准的贯彻实施。

同时，实行资源环境从过程监管到质量监管的改革，体现在制度体制上，需要加强监管，建立内化的自律和责任追究制度。建立并认真落实各级政府、职能部门和企业节能减排的责任制和问责制；完善相关制度和技术手段，开展绩效考评并实施目标责任管理，将考评结果纳入各级干部政绩考核制度；建立并实行各级政府、职能部门的问责制和一票否决制以及企业的生产者责任制；严格落实环境责任追究制度，尤其是刑事责任的追究制度；等

---

① 国家发展改革委：《关于组织开展循环经济示范城市（县）创建工作的通知》，2013年9月4日。

等。“十三五”时期，要通过生态建设和环境保护相关制度建设，用2~3年的时间逐步建立健全立法执法体系，实行最严格的环境保护制度。

（三）加强重点领域和项目的建设

“十三五”期间，环保投入的重点不仅是控增量，而且是减存量。第一，注重系统治理，统筹山水林田湖各要素。不断强化用水需求和用水过程治理，推动建立国家水资源督察制度，强化地下水保护与超采区治理，逐步实现地下水采补平衡。全面实行居民生活用水阶梯式价格。同时，建立差别化水资源费征收标准体系，适当调整水资源费征收标准，采取有保有退的措施，对高污染、高耗水行业执行高于一般工业的征收标准，促进高水耗产能退出。加强城市战略储备水源地建设与维护，大中城市均要建设战略储备水源地。①

第二，推进重点流域和区域水污染防治，在已经建立的部际联席会议制度基础上，强调地方人民政府是城乡供水安全保障的责任主体，要将饮用水水源保护工作纳入国民经济和社会发展规划，纳入地方政府考核体系，严格问责。从源头和全过程严格控制水源污染，加大水源保护执法力度，严厉打击污染地表、地下水源地的行为，禁止水源保护区内环境违法行为，严禁工业危险废物及垃圾等向保护区周边转移，对有条件的重要水源地推行封闭管理。大力推进国家水土保持重点工程建设，推行生态清洁型流域管理。加强重大骨干水源工程和重点旱区抗旱应急工程建设。

第三，结合国家主体功能区规划，优化国土综合开发利用空间格局，严格生态空间保护制度，除了土地、水资源，还要对林地、湿地、沙地、物种等逐步划定并严守生态红线，切实树立底线思维。通过生态移民、产业转移等途径对自然价值较高的国土空间实施有效的保护，建立陆海统筹的生态系统保护修复和污染防治区域联动机制。推动建立跨区域、跨流域生态补偿机制，促进形成综合补偿与分类补偿相结合，转移支付、横向补偿和市场交易互为补充的生态补偿制度。

第四，在严格控制煤炭消费总量的基础上，积极推动化石能源的清洁化利用，加快节能低碳技术进步和推广普及，大力发展非化石能源，加快发展

---

① 编制中的《京津冀协同发展水利专项规划》。

循环经济，促进清洁生产，使能源结构不断得到优化。在煤炭消费总量控制方面，根据大气治理的需要，从京津冀和长三角地区开始，“十三五”期间应较“十二五”期间有更大的削减幅度，指标的分解从打破地域界限逐渐落实到具体的行业、企业。大力推进以水电、核能等为代表的清洁能源的发展。

第五，继续把大气污染防治作为重中之重，深入实施大气污染防治行动计划，施行跨区域的联防联控，“十三五”时期从着力推进重点行业和重点区域的大气污染治理逐步推行到全领域、全区域及生产消费的全过程。完善重污染天气监测预警体系，加快城市空气质量自动监测网络建设。

另外，根据农业部编制的《全国农业可持续发展规划（2015～2030年)》、国家发改委编制的《农业环境突出问题治理总体规划（2014～2018年)》等，大力推进生态村镇建设，开展耕地重金属污染治理和农业面源污染治理等，促进农业生态环境改善，也是“十三五”时期环境治理和生态建设的重要工程。

（四）完善市场化运行机制

加强资源环境的市场制度建设，通过严格执行自然资源确权制度和生态产品使用权交易制度，促使环境资源的产权通过市场进行交易、重组和优化，实现资源环境的合理配置。

加强自然资源资产用途管理，按照资源环境有偿使用的原则，充分发挥市场机制的作用，通过生态补偿和赔偿等方式，使其外部效应内部化。

改革环保收费和环境价格，建立全面反映市场供求、资源稀缺和生态环境损害成本及修复效益的价格形成机制。例如，用5年左右的时间建立结构清晰、比价合理的销售电价分类结构体系。大力推进排污权交易试点，加快实施各类排污指标的有偿使用和交易，加快排污权交易的组织机构建设和监管能力提升。进一步加大节能减排工作力度，扩大实施排放指标有偿使用的污染物种类、地域和行业范围，扩大化学需氧量、氨氮、总磷有偿使用范围，探索开展重金属污染物、氮氧化物排放指标有偿使用试点。到2017年，试点地区排污权有偿使用和交易制度基本建立，试点工作基本完成。[①]

---

① 《国务院办公厅关于进一步推进排污权有偿使用和交易试点工作的指导意见》，国办发〔2014〕38号，2014年8月6日。

引导环境保护和治理实现市场化运作。“十三五”时期，进一步激励企业和民间资本参与环境保护和治理，积极发展生态金融，探索新业态、新产品、新模式，吸引社会资本进行环保领域投资，探索和逐步建立长效的市场化运作机制。

（五）创新社会共治体系

保障公众参与资源建设和环境保护，既是对公民权利的保护，也是激发社会参与环境保护和生态建设的有效途径。“十三五”时期，应进一步深化改革和创新环境治理体系，逐步建立与完善社会治理，到“十三五”期末，形成一个囊括行政监督、社会监督、公众参与、司法保障等的多元善治的资源环境监管体系。

一方面，用 1 年左右的时间，各地加强信息化建设，完善信息平台，推进信息公开，畅通公众参与渠道，对于涉及公众利益的重大决策和建设项目建立沟通协商平台广泛听取公众意见和建议；另一方面，通过一些激励和奖励，鼓励公众对政府环保工作、企业排污行为等进行监督评价，建立健全公众舆论与监督机制。另外，不断引导和大力发展环境救助，提升公众环保意识和公众参与能力，最后形成环境治理广泛参与、环境问题共同解决、环境服务共建共享的良好互动格局。

参考文献

[1]《中国共产党第十八届中央委员会第五次全体会议公报》，新华网，http：//news. xinhuanet. com/fortune/2015 – 10/29/c_ 1116983078. htm。

[2]《中国共产党第十八届中央委员会第三次全体会议公报》，新闻网，http：//news. xinhuanet. com/house/sh/2013 – 11 – 12/c_ 118113936. htm。

[3]《我国国民经济和社会发展十二五规划纲要》，新华社，2011 年 03 月 16 日。

[4] 环保部：《2014 年上半年全国环境质量状况》，2014 年 8 月 4 日。

[5]《中共中央关于全面深化改革若干重大问题的决定》，新华网，http：//news. xinhuanet. com/2013 – 11/15/c_ 118164235. htm。

[6]《生态文明体制改革总体方案》，新华网，http：//news. xinhuanet. com/2015 - 09/21/c_ 1116632159. htm。

[7]《京津冀协同发展规划纲要》，新华网，http：//news. xinhuanet. com/house/bj/2015 - 07 - 12/c_ 128010919. htm。

[8] 张炳淳：《环境治理转型的新契机》，《中国环境报》，2014 年 8 月 15 日。

[9] 马凯：《坚定不移推进生态文明建设》，《求是》，2013 年 5 月。

作者简介

潘家华，中国社会科学院城市发展与环境研究所所长、研究员、博士生导师，国家气候变化专家委员会委员，国家外交政策咨询委员会委员，中国生态经济学会副会长，中国保护母亲河顾问团成员，欧洲气候论坛理事。研究领域为环境经济学、城市发展、能源与环境。

李萌，中国社会科学院城市发展与环境研究所副研究员，环境经济与管理研究室副主任。研究领域为环境经济学、可持续发展。

图书在版编目（CIP）数据

“十三五”时期资源环境发展战略研究/潘家华，李萌著.—北京：社会科学文献出版社，2016.1

ISBN 978-7-5097-8394-8

Ⅰ.①十… Ⅱ.①潘… ②李… Ⅲ.①环境保护-发展战略-研究-中国-2016~2020 ②自然资源-发展战略-研究-中国-2016~2020 Ⅳ.①X372

中国版本图书馆CIP数据核字（2015）第268928号

“十三五”时期资源环境发展战略研究

著　　者／潘家华　李　萌

出 版 人／谢寿光
项目统筹／恽　薇　陈凤玲
责任编辑／于　飞　陈凤玲　陈　欣

出　　版／社会科学文献出版社·经济与管理出版分社（010）59367226
　　　　　地址：北京市北三环中路甲29号院华龙大厦　邮编：100029
　　　　　网址：www.ssap.com.cn
发　　行／市场营销中心（010）59367081　59367090
　　　　　读者服务中心（010）59367028
印　　装／三河市东方印刷有限公司

规　　格／开　本：787mm×1092mm　1/16
　　　　　印　张：1.5　字　数：24千字
版　　次／2016年1月第1版　2016年1月第1次印刷
书　　号／ISBN 978-7-5097-8394-8
定　　价／30.00元